动物园里的朋友们

（第二辑）

我是蝴蝶

［俄］叶·佐里娜 / 文

［俄］娜·克里莫娃 / 图

于贺 / 译

江西美术出版社

全国百佳出版单位

我是谁？

你好呀！我们之前见过面，但现在你认不出我了吧！这是因为那个时候你见到的是我的上一种生命形态。是的，想象一下，我不只有一种模样，总共有四种呢！起初我生活在卵里，从卵里孵出来后就变成了毛毛虫，再从毛毛虫变成蛹，现在呢，已经从蛹变成蝴蝶啦！这样的转变只花了我一个月的时间。但我来自北极的表兄弟，他们在毛毛虫阶段就得待上16年。

然而，并非所有蝴蝶看起来都像蝴蝶。从远处看，最大的蝴蝶看起来像一只鸟，最小的则会被当成苍蝇。

我的翅膀覆盖着小鳞片，就像覆盖着瓦片的房顶，因此我们被称为"鳞翅目"昆虫。白天，五彩缤纷的美丽蝴蝶在空中飞舞。晚上，我们的亲戚夜蛾就现身了。他们衣着朴素，喜欢灰色和深色。

等一下，我要停到一朵花儿上喝点花蜜，因为喉咙有些干干的！

我们和花朵有一个达成已久的合约：我喝花蜜，作为回报，我也会承担起传播花粉的工作。要是没有我们蝴蝶，许多植物根本无法繁衍后代。同样，如果没有花朵，我们也都没法生存。

最大的夜蛾是南美热带夜蛾——强喙夜蛾，它的翅展可达 **31** 厘米！

这种小家伙，小灰蝶的翅展仅有 **13** 毫米。

欧洲有一种天蚕蛾，翅展可达 **15** 厘米。

我们的居住地

我们随处可见！在只有仙人掌和带刺植物生长的炎热沙漠里，或者在少数登山者才能攀登上的高高的山峰上，或者在水下。潜入河中你能看到水螟幼虫，她也会对你说："你好呀，最近怎么样呀？"就像这次我们的会面一样！

甚至是在被冰雪覆盖的北极圈，都飞舞着北极蝴蝶。他们没有外套和帽子，其貌不扬，看起来像雪花一样，却能抵御住严寒。光是这么一想，我的翅膀上都会起鸡皮疙瘩，可他们却能随心所欲地飞舞，完全不会被冻僵。

马岛皇蛾栖息在马达加斯岛，

它们是世界上最大的鳞翅目昆虫之一。

甚至在自然条件

较好的地方也是如此，

都栖息在春天或是夏末，

蝴蝶品种的数量会多得惊人。

我们的生命短暂却精彩：有些蝴蝶的生命只有几个小时，有些能活几个月。但我的姐妹钩粉蝶可是名副其实的寿星，她可以飞来飞去一整年。是的，她们也会冬眠。我们的寿命虽然不长，但我们蝴蝶品种的数量还是很庞大的，已经有 18 500 多种啦！在种类数量方面，我们可是昆虫界的冠军！

绿斑角翅毒蝶
优雅的触角
是大头针状的。

花蜜

足

腹部

马岛长喙天蛾拥有长约 **30** 厘米的口器，还有纺锤形的触须。

螟蛾优雅的触角是丝线状的。

罗宾蛾长着毛茸茸的肚子、毛乎乎的爪子、羽状的触角，但是没有长长的口器来吃东西。

我长什么样？

看着镜子里的自己，真的是怎么看都看不够呀！我的骨架不在身体里面，而是生长在体外，就像是骑士的盔甲，可以保护我免受伤害。我的胸部长着两对翅膀和三对足。我的脑袋不怎么灵活，不像人类一样可以转动。但我的脑袋上面有眼睛和触角，可以帮助我在飞行时保持平衡。和人类的眼睛不一样，我和我的小姐妹们有着一对在黑暗里也能看得清晰的眼睛，可以避免自己遭受危险。这样一双眼睛不会妨碍到任何人呀！我长有一个长长的口器，而不是一张嘴巴，上面布满细密敏感的绒毛。饭后，我会把口器卷成螺旋状，这样就不会碍事了。每只蝴蝶的口器长度为 1~30 厘米，各不相同。有的蝴蝶长的甚至不是口器，而是一个完整的鼻子！口器的长度取决于盛着我们食用的花蜜的花朵有多深。所需获取的花蜜在花朵中藏得越深，我们的口器越长。顺便说一句，你用吸管喝果汁的动作就像我在喝花蜜一样。

猫头鹰环蝶是
蝴蝶界的猫头鹰。

燕尾蝶的翅膀与众不同，

后翅的翅尾很长，前翅是半透明的。

没有
翅膀和足部，
看起来很像蠕虫。

我们的小翅膀

全世界都在嫉妒我的翅膀！它们美得不可思议，秘密就在于上面的鳞片。每片鳞片只有一种颜色，就像马赛克一样，这些鳞片在我的翅膀上堆砌出了复杂的图案。而且所有的花纹都是独一无二的！好吧，我会数数我的翅膀上到底有多少片这种鳞片：1、2、3、4、5……啊哦！总共有100多万片呢。估计你的脑袋里都放不下它们，而我的一只翅膀上就能容下全部。

但长翅膀可不仅是为了美丽，它们还能保护我们免受危险。瞧，我把它们折叠起来，这样别人就看不到我在树上了。我的一些伙伴们翅膀很艳丽，还有一些伙伴的翅膀呈现出木材的颜色。尤其是当我们想隐藏自己时，有些伙伴甚至可以假装自己是干枯的落叶或是普普通通的花朵，一般人很难分辨出来！也有这样的"滑头"，她们翅膀的花纹特别像动物或猛禽的眼睛。还好她们现在收起了翅膀端坐着，暂时还没有惊吓到谁。

当危险来临时，她们会展开翅膀，哦，好恐怖呀！一个凶恶的捕食者正在盯着你呢！是不是很可怕？这样一来敌人们都四下落荒而逃了。

我们有些同伴的翅膀还可以预测天气。一些热带蝴蝶的翅膀可以呈现不同的花色：一些花色预报会下雨，一些花色预报出太阳。这样的翅膀比晴雨计更准确！

马岛金燕蛾

左右翅的花色经常是不对称的。

鳞片是在蝴蝶翅膀上的一片片鳞片。

我们的感官

你能很清楚地看到我，对吗？可是我却不太能认出你，因为我是近视眼，很难区分静止的物体。但是谁也无法从背后偷偷接近我，我可以同时看到各个方向。我的眼睛是由很多被称为"复眼"的小眼组成的。因此，成千上万的小图像组成了我的视野。我的眼睛周围长着纤毛，遗憾的是我没有眉毛。眉毛会适合我吗？

我对一些颜色并不感兴趣，有些颜色却可以让我发疯！蓝紫色和橙色都是我的最爱。

大多数种类的蝴蝶的味蕾（味觉传感器）都位于它们的爪子上。

蝴蝶可以借助触角辨别气味以及在飞行时保持平衡。

我看不见纯红色，但我可以看到人眼看不到的紫外线。

你在说什么？唉！我一个词都听不到，因为我没有耳朵。但我有天线式的触角，在它们的帮助下我可以闻到气味，感受到空气振动。你拍拍手，我的触角立即就能感受到振动，这有助于我们躲避捕食者。即使隔着15千米的距离，我们也能根据气味找到自己的另一半！

蝴蝶的眼睛由许多小眼构成。一只复眼的小眼数量最多可达 **27 000** 只。

我们起飞了

为什么我要在飞行前张开翅膀晒太阳呢？这是我正在加热身体以达到飞行所需的温度，如果体温达不到，那我就飞不起来。一般来说，飞行并不是件难事，我只需要彻底扇动翅膀，推开空气就好了。如果加起速来，可以打赌，我们飞得会像海鸥一样快。如果把翅膀收到后面，那么我们也能像轰炸机那样高速俯冲。这样的高速飞行让我上气不接下气！我们家族的特级飞行员是天蛾。他们可以悬浮在空中，还可以上下、前后平移。一般的蝴蝶以 8~17 千米 / 小时的速度飞行，而天蛾最快可以加速到 50 千米 / 小时！

并非所有蝴蝶都是宅男宅女。我们中也有旅游爱好者——有些伙伴会独自旅行，还有一些更喜欢充满欢声笑语的组团出行。有时，5000 万只蝴蝶会聚在一起同时飞行，当这样的组团入侵者出现时，汽车会在路上停下来，人们会躲在家里。

我们之中也有"难民"蝴蝶。当他们的家乡发生干旱时，这些蝴蝶被迫飞往其他地方。1000 千米对他们来说是小意思呀！

我们可以不停地飞行，并不需要签证和护照，所以我们从一个国家飞到另一个国家，从一个大陆飞到另一个大陆都是免费的。

黑脉金斑蝶可以飞越 4000 千米，速度达 35 千米 / 小时。

黑脉金斑蝶可以
飞越大西洋。

由于翅尾的长度

我们的食物

我有点饿了。那么，今天午餐吃什么?

花蜜、树汁、蜂蜜、花粉甚至是便便。哦，天哪!不过，我的一些朋友认为便便也是一种美食。

像往常一样，将腐烂发酵的水果当作甜点。舔舔自己的爪子!饮料呢，则是来自水坑里的水，还有人体的汗液。呃……这真是世间美味呀!所以如果我落在你的手上，恐怕不是因为你像一朵花。

一些捕食性蝴蝶的饮食很天然。他们以正在睡觉的动物的眼泪为食。以鸟类眼泪为食的夜蛾，长着鱼叉形、带着尖端的口器。

为了品尝食物，我需要先在上面踩一踩，因为我的味蕾都在足尖上，它们非常敏感，让我可以品尝到水中极微小的糖分。有多微小呢?这块糖可能是你舌头的1/2000。

金凤蝶非常喜欢甜甜的花蜜。

泪水专用

花朵专用

鬼脸天蛾很像蜜蜂，
特别喜欢吃蜂蜜。

美丽的三色蛱蝶在
水果面前根本无法控制自己。

红锯蛱蝶
酷爱西番莲
的花粉和花蜜，
即使这种花有剧毒。

水果专用

花粉专用

露水专用

睡觉还是不睡觉？

　　我从不睡觉。因为我们的生命那么短暂！有时我疲倦了，就在树叶或树枝上休息，然后又开始飞舞。晚上我躲在叶子下面、草丛里或者缝隙里。休息时，我变得一点力气都没有，就好像电池耗尽一样。只需一夜的时间，我就又充满了能量，可以再次飞翔了。除此之外，有些蝴蝶会聚集在一起组成一个"宿舍"来休息。他们会选择一根树枝，飞到上面过夜。早上他们又各奔东西，忙自己的事情。因为聚在一起过夜会更有趣、更安全！

　　那些寿命很长的姐妹们冬天会冬眠。冬眠和一般的睡觉可不一样，在这期间，她们的生长和发育会中止。她们爬进枯黄的草丛、树洞、屋顶或阁楼里，用翅膀像毯子那样紧紧包裹住自己，等待越冬。

　　一般来说，我们蝴蝶是很容易上当的！如果把昼行蝴蝶关在不透光的房间里，夜晚开灯，白天关灯，那他就在白天睡觉了。但如果房间在夜晚的时候很亮，那夜行蝴蝶也会在这个时候睡觉。但千万不要这么做呀，欺骗蝴蝶可不太好！

一丛丛枯草组成了蝴蝶越冬的小窝。

在这里居住
着孔雀蛱蝶。

一片枯叶可能就是
孔雀蛱蝶的小床。

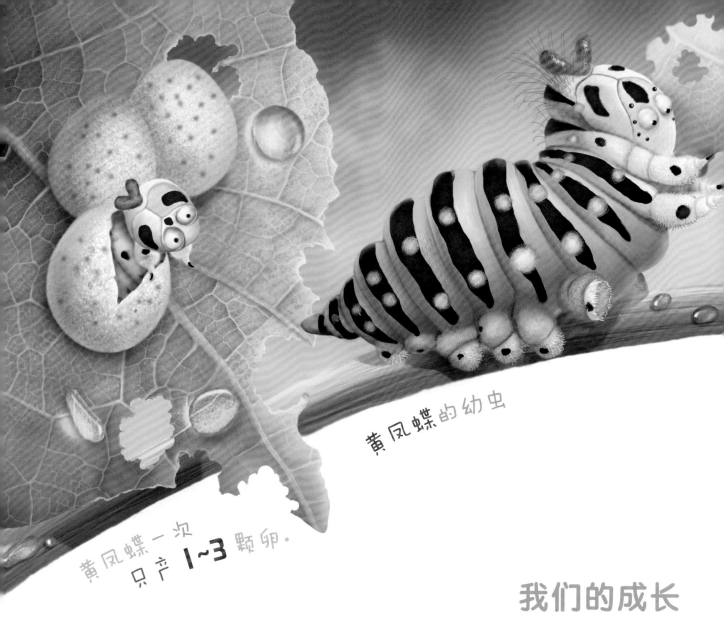

黄凤蝶的幼虫

黄凤蝶一次只产 1~3 颗卵。

我们的成长

　　产卵是我们蝴蝶生命中最重要的事。为此，蝴蝶爸爸通过气味找到了蝴蝶妈妈。约会后不久，蝴蝶妈妈产下了卵，并将它们留在植物的叶子、茎或枝条上。腹部长有小腿、头部长着嘴巴的幼虫在卵内发育。是不是有些帅呢？8~15 天过后，毛毛虫从卵中孵化出来。在生命最开始的阶段，她甚至不需要关心食物的问题，因为午餐就在她的鼻子底下：就是她出生的那片叶子。除了在水下游泳的水螟幼虫，其他蝴蝶的毛毛虫在土地上、土壤中或是树叶上、果实中栖息着。南方蝴蝶的寿命为几个星期，而北方蝴蝶的寿命从 1 年到 16 年不等！冬天蝴蝶进入冬眠，苏醒后好像什么也没发生过一样继续工作。不想成为蝴蝶的毛毛虫不是好毛毛虫！"化蛹"时，毛毛虫脱下外衣，然后藏进一个茧中，或用一片小树叶把自己包裹起来倒挂在树上——这片树叶就像一个密封的包裹。在恰当的时机，外壳裂开，惊喜来了，一只蝴蝶就这样蜕变成功了！

幼虫要吃很多东西

才能羽化成成虫。

黄凤蝶

黄凤蝶夏季的蛹
通常是绿色的。

毛毛虫的一生

我是一只非常强壮的毛毛虫：可以举起比我重25倍的重物呢！瞧，你能把自己的妈妈抱在怀里吗？或是把爸爸放在自己的背上？哈！我可以举起25只和我一样的小伙伴。我身上的肌肉数目比人类的还多呢！

像蝴蝶一样，毛毛虫也都各不相同。有些个头很小，体长以毫米为单位，几乎不会引人注意。有的呢，就个头巨大、粗壮，身长10~12厘米。所有毛毛虫的下唇都有一个丝腺，从中分泌出的丝线又细又耐用，像钢丝一样！在毛毛虫爬行的时候，会留下一条"丝路"。即使他突然从树枝上掉下来，也不会发生悲剧：毛毛虫可以挂在丝线上。

毛毛虫必须时刻保持警惕，以免成为别人的晚餐。有些毛毛虫会随身携带一个小袋子，在遇到危险时隐藏起来。一跳，就跳进了小房子里！还有一些毛毛虫用叶子搭建庇护所。一些"小骗子"们假装自己是植物、叶子或细枝的一部分。毛毛虫自己会吃树叶、花、树上的果实，还有蜂蜡、羊毛、角质、蚜虫、幼虫、蚂蚁的蛹……

毛毛虫都是贪吃鬼，他们吃得很多，发酵似的长大。在成为蛹之前，他们的重量比从卵中孵出来时增长几千倍。所有的一切都是为了新生，为变成一只蝴蝶而储备营养。

有些蝴蝶毛毛虫可以改变身体的花纹。

丽毒蛾的毛虫
非常可爱，毛茸茸的.

21

枯叶蝶是伪装大师。

枯叶蝶翅膀的内侧很像秋叶。

鸟儿已经准备好捕虫了，
可这只虫子突然消失了，
在原来的位置上只留下了一片枯黄的树叶。

我们的天敌

做一只蝴蝶并不容易。每一步都潜伏着危险。我主要的天敌是鸟类、蜥蜴、蟾蜍和啮齿动物。只要时间充足，我们就可以躲避他们！蜘蛛、蜻蜓、螳螂、步甲、黄蜂等也会捕食我。

就像我告诉你的那样，我们的翅膀可以保护自己，气味也不太好闻，味道也不怎么可口。翅膀上的鳞片可以帮助我们避免成为别人的盘中餐。我那些有毒的亲戚们会展现出鲜艳的颜色，告诉敌人："不要吃我哦！否则你会后悔的！"我们中间也有原本不带毒却也可以假装自己有毒的蝴蝶，她们会模仿其他蝴蝶的颜色。还有那种演技精湛的演员——当捕食者发动攻击时，她们假装已经死了。啊哈！可惜没人给蝴蝶颁发奥斯卡奖呀！

你知道吗?

古时候，人们认为蝴蝶

是夜晚被强风吹起的花朵。

原来世界上还有不长翅膀的蝴蝶，不过它们都是雌性的。例如，有种名字很滑稽的灰裙尺蠖蛾，在足部的帮助下，它们可以沿着花园里树木的枝条活动。而那些蓑蛾妹妹们不仅没有翅膀，还没有足部，所以它们看起来像小蠕虫。在有翅蝴蝶当中也存在着不公平现象：它们中的小伙子比姑娘们更漂亮！

最美丽的蝴蝶当属来自

马达加斯加岛的马岛金燕蛾。

大自然中的一切都被合理地安排好了！

蝴蝶的主要任务就是产卵！蝴蝶姑娘用自己的眼睛寻觅着意中人，所以小伙子们都围在姑娘们身边飞来飞去，跳着舞想要吸引它们。小伙子们翅膀的花纹堆叠成马赛克状，这种马赛克很容易将自己的意中人催眠。有些蝴蝶还是大醋坛子呢！钩粉蝶中的小伙儿不仅在自己的领地中驱逐同类里的雄性，还会驱逐其他蝴蝶、黄蜂和蜜蜂。有时候，它们甚至会把花儿、布头或者纸张当作自己的竞争对手，还试图召唤它们去决斗！

玻璃蝴蝶（透翅蝶）没有带颜色的鳞片，

所以它们的翅膀是透明的。

蝴蝶可以通过气味找到对方！它们翅膀上特殊的鳞片会散发出带有气味的物质，甚至人类也能闻到这种气味。那蝴蝶会散发出什么气味呢？当然

是鲜花味！比如欧洲粉蝶散发的气味像红色天竺葵，菜粉蝶散发出木樨草的气味，还有绿脉菜粉蝶散发出柠檬花味，河鳟蝴蝶能够散发出类似巧克力的气味，蝠蛾竟然是草莓味的！

南美的一种釉蛱蝶可以用自己令人讨厌的气味吓跑鸟类！

有一种长着两个"脑袋"的蝴蝶，其中一个脑袋是真的，而位于身体后部的另一个脑袋是假的。假脑袋上还长着假触角和假眼睛。你知道这是为什么吗？是为了躲避敌人！如果鸟类试图啄蝴蝶的假脑袋，那它们真正的脑袋就不会受到伤害，这样蝴蝶就来得及逃脱了。

目前仍有 100 000 种鳞翅目昆虫未被研究。

有些蝴蝶没有嘴巴，它们根本不吃东西，而是靠着幼虫时期积累的营养储备维持生命。不过，大多数蝴蝶胃口都很好！例如，它们可以喝下自身重量两倍的糖溶液。然而，并非所有蝴蝶都喜欢甜食，有些蝴蝶更喜欢咸味的东西。热带森林中有种蝴蝶趁动物睡觉时吸食它们的泪水，这也是在吸收生命所需的物质。

生活在马达加斯加岛的长喙天蛾拥有最长的口器，可达 30 厘米。

蝴蝶不仅是鲜花的"朋友"，它们也会和一些昆虫交"朋友"。例如，在澳大利亚，蚂蚁会保护当地一种线灰蝶的毛毛虫和蛹免受寄生虫和捕食者的伤害。作为劳动报酬，蚂蚁们会从毛毛虫身上"挤出"其分泌的甜味液体。这真是朴实的友谊呀！还有一些非常狡猾的蝴蝶，它们的幼虫散发着香甜的气味。蚂蚁会把它们当成食物运到蚁丘，狡猾的幼虫们在蚁丘里毫不客气地吃着蚂蚁储存的食物！

一些幼虫以有毒的植物为食，
它们所羽化出的蝴蝶
对鸟类来说也是有毒的。

在童话和传说中，蝴蝶经常充当巫师的角色。例如在古印度，人们认为如果一只蝴蝶落在自己手上时，一定要悄悄地默念出愿望，然后把它放走，这样就会梦想成真了！

在瑞典，有一类专门的诊所，在那里可以
通过观察蝴蝶来治疗人们的精神紧张。

在日本，人们相信一只蝴蝶飞进房子里会带来好运。日本甚至还有一种特殊的"蝴蝶舞"，在所有节日和盛大游行的开幕式上表演。

单位面积的土地内
蝴蝶种类最多的国家是秘鲁。

英国农民会仔细观察春天遇到的第一只蝴蝶是什么样的。例如，白色蝴蝶象征着今年将幸福快乐，金色蝴蝶象征财富，棕色的蝴蝶预示悲伤，而绿色的蝴蝶则预示着丰收。

许多国家的人们认为，
遇到3只蝴蝶在一起预示着幸福。

在中国的某些地区，蝴蝶是长寿、富裕和美丽的象征。婚礼之前，新郎送给新娘一只活的蝴蝶作为自己爱的象征。

在底比斯，已经有3500多年历史的
埃及壁画上就有蝴蝶的形象。

不仅在童话故事中可以看到蝴蝶的身影，在有些地方，人们甚至还为它们竖立了纪念碑！在中国、美国、墨西哥、乌克兰、白俄罗斯都有这种长着翅膀的精灵的纪念碑。在澳大利亚，懂得感恩的农民为拯救了整个澳洲大陆的毛毛虫竖立了一座纪念碑，那些被专门运至澳大利亚的仙人掌螟帮助农民们摆脱仙人掌的大量繁殖，因为多刺的仙人掌对牛、羊来说都会造成危险。

幼虫也可以是有益的，
因为有一些毛毛虫以对人类
有害的植物为食。

还有一些能够吐丝的幼虫也对人类有益。这些有益的幼虫种类很多，但最有名的要属蚕了。它们真是伟大的工人！它们的茧通常有长达3500米的纤维，但人们能使用的长度不超过1/3。往往需要整整1000只茧才能获得1千克的丝线。而1000只想要成为蚕蛾的蚕宝宝，在1个半月内可以吃完近60千克的桑叶。

想象一下：72小时，也就是3天，
蚕宝宝可以制造出3千米丝线！

旁人眼中，毛毛虫的一生似乎很简单：吃东西和成长。但如果必须在寒冷的气候中生活呢？大自然也考虑到了这一点！例如，栖息在北极圈内的蝴蝶可以承受低至 –70℃ 的温度。它的毛毛虫能合成一种可以避免冻伤的化合物，并且大部分时间它们都处于冬眠状态。而狡猾的高山阿波罗蝶的蛹知道如何加速自己的发育，如果在夏天预测到有强降雪，它们会提前变成蝴蝶。

钩粉蝶的体内有一种特殊的液体，
可以使其在 –20℃ 的环境中生存下来。
这简直是防冻液呀！

一些蝴蝶，如小红蛱蝶，会飞到温暖的非洲过冬，并在那里孕育出新一代的蝴蝶，春天时又飞回北方。一代又一代的小红蛱蝶年复一年地飞来飞去。

黑脉金斑蝶会聚集成一群进行季节性迁徙。

当有蝴蝶在你周围飞来飞去时，你几乎听不到它们的声音。但是其中有些蝴蝶飞行起来声音非常嘈杂！例如，阿尔卑斯山脉中生活的一种灯蛾，能发出"嘀嗒嘀嗒"的声音，因为它的腹部底部有一个特殊的器官，可以发出响亮的声音，听起来类似于时钟的嘀嗒声。还有会"吱吱叫"的鬼脸天蛾，它们的口器中有一个特别的"哨子"，所以我们可以认为这种蝴蝶能像我们一样说话。但我们目前还不明白蝴蝶的语言。

能发出最大声音的蝴蝶是南美的一种蛱蝶，它们的翅膀能噼噼啪啪响。

蝴蝶不仅与自己的同类争夺第一，而且与其他昆虫进行竞争！让我们看看，在哪种单项提名环节中蝴蝶赢了。例如，所有昆虫中嘴最长的是马岛长喙天蛾。它的"嘴"长可达30厘米，差不多是4支粉笔接在一起的长度！彗星尾天蚕蛾的"尾巴"是所有蝴蝶中最长的，可达14厘米。为此，它获得了一个足以令它自豪的称号——彗尾蛾。

世界上最重的鳞翅目昆虫是木蠹蛾，重约30克，比3盒火柴还重。

人们为蝴蝶编写诗歌，还用它的名字给其他动物命名。在非洲水域游着一种蝴蝶鱼，它们宽大的鱼鳍就像蝴蝶的翅膀一样。人们还培育出一种特殊的金鱼，也被称为蝴蝶鱼或蝶尾鱼，它们尾巴的形状类似于这些飞舞的小精灵的翅膀。在英格兰，繁殖着一种斑点兔也叫"蝴蝶兔"，它们鼻子、脸颊上的斑点形似蝴蝶打开翅膀后的剪影。

宇宙星河中也有"蝴蝶"呢！位于天蝎宫的
星云被命名为蝴蝶星云。

领结也被称为蝴蝶结，因为它看起来像蝴蝶的翅膀呢。还有一种最复杂的泳姿被称为"蝶泳"——游动时，双臂必须同时划水，像翅膀一样拍击水面。在花样滑冰中还有"蝴蝶跳"，运动员的躯体与冰面平行时，双腿像蝴蝶翅膀一样在空中划出高高的弧线。

英属福克兰群岛的
一克朗硬币上刻着蝴蝶的生命历程：
卵、幼虫、蛹、成虫。

看到了吗，蝴蝶无处不在！你可以在花园、草地或者森林中见到它们的踪影，也可以在动物园或公园专门的"蝴蝶屋"中见到它们。有时，蝴蝶可以被饲养在普通公寓和房间里。但它们需要周到的照顾——特定的温度和湿度、充足的光线以及合适的食物。

蝴蝶是田野、
草坪、花园、森林中
名副其实的
有生命的装饰物！
让我们在大自然中
好好欣赏它们吧！

如果我飞过来做客，请不要忘记给我们喂点儿吃的呀：半茶匙的蜂蜜或白糖再兑上两勺水！

再见了，我夏天会回来的！

动物园里的朋友们

本套书共三辑，每辑 10 册，共 30 册。明星作者以第一人称讲故事的形式，展现每个动物最与众不同、最神奇可爱的一面，介绍了每种动物的种类、生活环境、形态特征、生活习性等各方面。让孩子们足不出户也能了解新奇有趣的动物知识。

第一辑（共 10 册）

我是企鹅　我是狐狸　我是刺猬　我是老虎　我是蝙蝠　我是山羊

我是松鼠　我是狮子　我是北极熊　我是大熊猫

第二辑（共 10 册）

我是海豚　我是河马　我是猫　我是蛇　我是长颈鹿　我是驼鹿

我是蚊子　我是蝴蝶　我是浣熊　我是麝鼹

第三辑（共 10 册）

我是小熊猫　我是大象　我是长尾猴　我是斗牛犬　我是考拉　我是树懒

我是袋熊　我是蚂蚁　我是老鼠　我是臭鼬

图书在版编目（CIP）数据

　　动物园里的朋友们．第二辑．我是蝴蝶／（俄罗斯）
叶·佐里娜文；于贺译．-- 南昌：江西美术出版社，
2020.11
　　ISBN 978-7-5480-7514-1

　　Ⅰ．①动… Ⅱ．①叶… ②于… Ⅲ．①动物—儿童读
物②蝶—儿童读物 Ⅳ．① Q95-49

　　中国版本图书馆 CIP 数据核字 (2020) 第 067745 号

版权合同登记号 14-2020-0157

Я бабочка
© Zorina E., text, 2016
© Klimova N., illustrations, 2016
© Publisher Georgy Gupalo, design, 2016
© OOO Alpina Publisher, 2018
The author of idea and project manager Georgy Gupalo
Simplified Chinese copyright © 2020 by Beijing Balala Culture Development Co., Ltd.
The simplified Chinese translation rights arranged through Rightol Media（本书中文简体版权经由锐拓
传媒旗下小锐取得Email:copyright@rightol.com）

出 品 人：周建森
企　　划：北京江美长风文化传播有限公司
策　　划：巴拉拉
责任编辑：楚天顺 朱鲁巍
特约编辑：石　颖 吴　迪 王　毅
美术编辑：童　磊 周伶俐
责任印制：谭　勋

动物园里的朋友们（第二辑） 我是蝴蝶
DONGWUYUAN LI DE PENGYOUMEN (DI ER JI) WO SHI HUDIE

［俄］叶·佐里娜／文　［俄］娜·克里莫娃／图　于贺／译

出　　版：江西美术出版社		印　　刷：北京宝丰印刷有限公司	
地　　址：江西省南昌市子安路 66 号		版　　次：2020 年 11 月第 1 版	
网　　址：www.jxfinearts.com		印　　次：2020 年 11 月第 1 次印刷	
电子信箱：jxms163@163.com		开　　本：889mm×1194mm 1/16	
电　　话：0791-86566274 010-82093785		总 印 张：20	
发　　行：010-64926438		ISBN 978-7-5480-7514-1	
邮　　编：330025		定　　价：168.00 元（全 10 册）	
经　　销：全国新华书店			